INHALT

Hier finden Sie Ihren Lieblingshund

Die 50 bekanntesten Hunderassen im Überblick: ihre Fähigkeiten, ihre Besonderheiten – und für wen sie sich eignen

Das Wesen der Hunde

Entscheidend für ein gutes Zusammenleben ist, dass die eigene Persönlichkeit mit der des Tieres harmoniert. Deshalb sollte man die grundlegenden Charaktermerkmale des Hundes kennen

Alle Hunde, gleich, welcher Rasse sie angehören, haben prinzipiell ähnliche Eigenschaften. Die machen den größten Teil ihres Verhaltens aus. Ausnahmslos jeder Hund hat daher auch ähnliche Bedürfnisse: Er braucht Zuneigung, Beschäftigung und Führung. Diese drei Grundbedürfnisse sind die Basis einer gelungenen Mensch-Hund-Beziehung. Darüber hinaus aber gilt es rassetypische Merkmale zu beachten. Manche davon lassen sich im Alltag der meisten Menschen einfach berücksichtigen, andere wiederum erfordern besondere Haltungsbedingungen. Viele Rassen wurden auf eine spezielle Eigenschaft hin gezüchtet und lassen sich daher einer Gruppe zuordnen. Vor der genauen Beschäftigung mit den Besonderheiten der einzelnen Rassen lohnt also ein Blick auf diese Hundetypen:

• **HÜTEHUNDE** wie etwa der Border Collie, der Australian Shepherd und der Deutsche Schäferhund sind sehr gehorsam und bringen eine hohe Leistungsbereitschaft mit. Die Beschäftigung mit diesen Hunden macht Spaß, wird aber schnell zum Vollzeithobby. Für einige Rassen typisch sind zudem nervöse und geräuschempfindliche Tiere.

• **HERDENSCHUTZHUNDE** wie beispielsweise der Kuvasz haben eine archaische Ausstrahlung und außergewöhnlich viel Kraft. Ihre prägnantesten Eigenschaften sind Wachsamkeit und die Neigung, ihren Menschen sowie dessen Hab und Gut zu beschützen. Darüber hinaus sind sie ausgesprochen unabhängig und selbstständig – und eher etwas für Spezialisten.

• **TREIBHUNDE** wie der Entlebucher Sennenhund sind von Natur aus eher kämpferisch und Fremden gegenüber tendenziell misstrauisch. Sie unterscheiden sich im Charakter deutlich von Hütehunden: Ein Treibhund ist zwar weniger sensibel, aber auch weitaus weniger devot und bereit, sich unterzuordnen.

• **TERRIER** taugen allesamt nicht zum Sofahelden. Schließlich wurden diese ungeheuer aktiven, unerschrockenen Tiere dafür gezüchtet, sich nichts gefallen zu lassen, etwa

Ganz gleich, welche Rasse: Hunde brauchen Fürsorge und Bewegung

bei der Jagd. Oftmals sind sie leidenschaftliche Kläffer. Auf diese Weise haben sie schon manchen ahnungslosen Ersthundebesitzer zur Verzweiflung getrieben.

• **STÖBER-** und **APPORTIERHUNDE** wie Spaniel, Retriever oder Pudel lassen sich im Allgemeinen einfacher in den Alltag einer Familie integrieren als die unabhängigeren Treibhunde oder Terrier. Sie sind kooperationsbereit, haben ein freundliches Wesen, kommunizieren gern und lassen sich durch Apportier- und Suchspiele (auch mit Kindern) beschäftigen.

• **LAUF-** und **SCHWEISSHUNDE** wie Beagle, Basset Hound oder Bayerischer Gebirgsschweißhund sind sensibel und freundlich, aber absolut geruchsgesteuert. Gassi gehen ohne Leine ist nur selten möglich, denn in einer heißen Spur verlieren sie sich vollkommen – und sind dann erst einmal weg.

• **WACH-** und **HOFHUNDE** wie etwa Spitz, Hovawart oder Schnauzer haben eine klare Haltung gegenüber Freund und Feind. Schließlich war es lange Zeit ihre Aufgabe, zwischen beiden zu unterscheiden. Sie brauchen daher eine eindeutige Ansage, wann sie sich zurückzuziehen haben. Ein Vorteil: Sie haben wenig Tendenz zum Streunen.

• **WINDHUNDE** wie zum Beispiel Whippets sind hochgradig spezialisierte Sichtjäger. Deshalb gehen sie vorwiegend an der Leine spazieren – und zwar mehrere Stunden täglich. Ab und zu muss man sie jedoch auch rennen lassen. Windhunde haben ein beinahe katzenhaftes Wesen, sind sensibel, eigenwillig, verschmust. In einem turbulenten Haushalt mit mehreren Kindern fühlen sie sich schnell überfordert.

• **NORDISCHE HUNDE** wie Siberian Husky und Shiba Inu erinnern wie alle nordischen Rassen optisch stark an den Urvater aller Hunde, den Wolf, und sind auch in ihrem Wesen sehr ursprünglich geblieben. Ihre wildtierhafte Intelligenz kann die Erziehung recht schwierig machen. Hinzu kommt ein ausgeprägter Jagdtrieb, aber sie sind auch höchst robust und ausdauernd.

• **GESELLSCHAFTS-** und **BEGLEITHUNDE** wie Yorkshireterrier, Kromfohrländer oder Leonberger wurden entweder noch nie oder schon sehr lange nicht mehr für bestimmte Aufgaben gezüchtet und sind daher nicht hoch spezialisiert – grundsätzlich eine gute Voraussetzung für einen Familienhund. Sie sind oft weniger beharrlich, zielorientiert und ausdauernd.

Die Porträts auf den folgenden Seiten sind mit einfachen, unten erläuterten Symbolen versehen. So lässt sich auf einen Blick erkennen, ob ein Hund für den eigenen Alltag geeignet ist.

SYMBOLE

HÜTEN, JAGEN ODER WACHEN?

Starker Hüteinstinkt: Anpirschen, umkreisen, lauern, fixieren machen diesen Hund glücklich. Er sucht immerzu „Beute".

Ausgeprägter Jagdtrieb: mag ein liebenswertes Familienmitglied sein, muss draußen aber konsequent an der Leine bleiben.

Besonders wachsam: neigt dazu, fremde Personen anzubellen oder anzuknurren – und manchmal auch bekannte Gäste.

WIE VIEL BESCHÄFTIGUNG?

Niedriges Energielevel: Diesem Hund genügen kurze, ruhige Spaziergänge und etwas spielerische Beschäftigung.

Mittleres Energielevel: braucht neben längeren Spaziergängen oder Joggingrunden täglich auch viel Beschäftigung.

Hohes Energielevel: mindestens zwei bis drei Stunden Auslauf nötig sowie rassespezifische Beschäftigung.

WIE VIEL ZEIT?

Zwei Stunden: keine aufwendige Fellpflege erforderlich, kurze Beschäftigung und etwas Auslauf am Tag genügen.

Zwei bis drei Stunden: regelmäßige, aber nicht tägliche Fellpflege, jeden Tag längere Spaziergänge und Training.

Mehr als drei Stunden: tägliche ausgiebige Fellpflege und/oder mehrstündige Bewegung und Beschäftigung.

WIE VIEL ERFAHRUNG?

Für Anfänger: mit Zuwendung und Konsequenz gut zu erziehen, nicht besonders eigensinnig, kein ausgeprägter Trieb.

Nur bedingt für Anfänger: oft mit Jagd-, Hüte- oder Wachtrieb, der viel Ausdauer, Kraft und Konsequenz kosten kann.

Keinesfalls für Anfänger: Rasse mit spezifischen Eigenschaften, die eine starke und sehr konsequente Führung benötigt.

Die beliebtesten **kleinen** Hunderassen

Kleine Hunde – große Unterschiede: Es gibt kernige Arbeitshunderassen wie Dackel und Foxterrier und sanftmütige Begleiter wie Papillon und Malteser

BICHON FRISÉ

Der Bichon Frisé stammt vermutlich von den Kanarischen Inseln, von wo aus er im 14. Jahrhundert auf das europäische Festland gelangte. In den 1930er Jahren erlebte die Rasse in Frankreich einen Aufschwung. Nach Deutschland kam sie erst im Jahr 1955.

TYP: Gesellschafts- und Begleithund.

FELL: Dünnes, lockeres, bis zu zehn Zentimeter langes Oberfell mit Korkenzieherlöckchen und seidiger Unterwolle; das weiße Fell sollte alle vier bis sechs Wochen professionell geschoren und wenigstens alle zwei Tage gebürstet werden.

GRÖSSE: Schulterhöhe 25 bis 30 cm.

GEWICHT: 5 bis 7 kg.

GUT GEEIGNET FÜR: alle Liebhaber kleiner Hunde; der Bichon Frisé passt sich so gut wie jeder Lebenssituation an. Allerdings braucht er Aufmerksamkeit, Streicheleinheiten und die ständige Nähe eines Menschen. Deshalb sollte er nicht über längere Zeit allein sein.

ANFÄLLIGKEITEN: keine rassebedingten Erkrankungen bekannt.

DACKEL

Der erste Zuchtstandard wurde 1879 für den Kurzhaardackel festgelegt. Seine Vorfahren sind Bracke und Pinscher. Beim Langhaardackel wurde der Wachtelhund eingekreuzt, beim Rauhaarteckel Schnauzer und Terrier.

TYP: Jagd- und Begleithund.

FELL: Kurzhaar – dicht, glatt, anliegend, rot, rotgelb, gelb (je auch mit Stichelung), schwarz-lohfarben; Langhaar – glatt, weich, anliegend, rot, rotgelb, gelb (jeweils Stichelung möglich), schwarz-lohfarben; Rauhaar – harsch mit dichter Unterwolle, rot, dachs- oder saufarben.

GRÖSSE: als Normalschlag, Zwerg- und Kaninchendackel; Schulterhöhe 17 bis 27 cm.

GEWICHT: 3 bis 9 kg.

GUT GEEIGNET FÜR: Familien mit größeren Kindern, Singles sowie Senioren.

ANFÄLLIGKEITEN: Bandscheibenprobleme, Rheumatismus, Netzhauterkrankungen, Ohrenentzündungen; auf Treppen muss der Hund immer getragen werden, sonst besteht eine erhöhte Gefahr der Dackellähme (einer Erkrankung der Bandscheiben, die zu Bewegungsstörungen führt).

FOXTERRIER

Glatt- und Drahthaarfoxterrier kamen im 19. Jahrhundert in England als Jagdhunde auf. Alles an diesen Hunden erscheint sehr zweckgebunden: Der zierliche Körper mit der schmalen Brust passt in die engen Gänge von Fuchs und Dachs, der Drahthaarige kommt leichter durch Dornen und Gestrüpp.

Auch an ihrem Charakter merkt man es ihnen an: Sie sind ausgesprochen furchtlos, unempfindlich und ausdauernd, zudem anhänglich, fröhlich und überaus wachsam. Aber Foxterrier sind auch durchaus streitlustig und stürzen sich mit ihren kräftigen Kiefern gern in manche Rauferei mit anderen Hunden. Aus diesem Grund brauchen sie einen energischen Besitzer.

TYP: vielseitiger Jagdhund, Begleithund.
FELL: Glatthaar – kurz, dicht, wasserfest mit weicher Unterwolle; Drahthaar – drahtig, dicht, sollte täglich gebürstet und zwei- bis dreimal im Jahr getrimmt werden; Farbe: Weiß mit schwarzen und/oder lohfarbenen Abzeichen.
GRÖSSE: Schulterhöhe 37 bis 40 cm.
GEWICHT: 6,5 bis 8 kg.
GUT GEEIGNET FÜR: Menschen mit Hundeerfahrung, die viel Zeit investieren können.
ANFÄLLIGKEITEN: Vereinzelt treten Augenkrankheiten auf.

FRANZÖSISCHE BULLDOGGE

Nachdem Hundekämpfe 1835 in England offiziell verboten worden waren, züchteten Hundebesitzer eine kleine Bulldogge. Weber und Spitzenklöppler brachten sie gegen Ende des 19. Jahrhunderts nach Frankreich, wo einheimische Hunde wie Terrier und Griffon eingekreuzt wurden. Der erste Rasseverein entstand 1880 in Paris, der erste Zuchtstandard wurde 1898 erstellt, im gleichen Jahr erfolgte auch die offizielle Anerkennung der Rasse. Der deutsche Bully-Club wurde im Jahr 1903 gegründet.

Charakterlich scheint die Französische Bulldogge aus lauter Gegensätzen zu bestehen: Als ehemaliger Bullenbeißer (Kampfhund) lässt sie sich nur schwer beeindrucken. Andererseits liebt sie als Gesellschaftshund die angenehmen Seiten des Lebens, ist anschmiegsam und lässt sich gern verwöhnen. Auch ihr Äußeres täuscht: Sie ist keinesfalls so grimmig, wie ihr Gesichtsausdruck vermuten lässt. Sie ist vielmehr verspielt, munter und anhänglich. Manche sind allerdings äußerst eifersüchtig, und mancher Rüde neigt auch zu Aggression.

TYP: Begleithund.

FELL: kurz, dicht ohne Unterwolle, Augen- und Nasenfalten müssen sauber gehalten werden; fauve- oder falbfarben, gestromt, gescheckt, weiß und Fauve-Schecke.

GRÖSSE: Schulterhöhe 30 bis 32 cm.

GEWICHT: 8 bis 14 kg.

GUT GEEIGNET FÜR: idealer Wohnungshund; als Sportbegleiter ist die Französische Bulldogge schlecht geeignet, Radfahren und längeres Joggen sind aufgrund ihrer Anatomie nicht möglich.

ANFÄLLIGKEITEN: Augenentzündungen, Atemschwierigkeiten, Hautprobleme, Überhitzung.

MALTESER

Der Ursprung dieses Hundes liegt im alten Ägypten – so wurde eine Statuette, die einen Schoßhund mit glattem Fell darstellt, aus der Zeit der Herrschaft des Pharaos Ramses II. (um 1200 v. Chr.) entdeckt. Die lange Geschichte als Schoßhund scheint ganz in seine Gene übergegangen zu sein: Freundlichkeit ist dem Malteser in die Wiege gelegt, ein Jagdtrieb kaum noch vorhanden. Der aufgeweckte, lustige und sanfte Hund braucht keine langen Spaziergänge und keine ausgefeilte Beschäftigung. Aber: engen Kontakt zu Menschen. Er hängt sehr an seiner Bezugsperson und folgt ihr meist auf Schritt und Tritt.

TYP: Gesellschafts- und Begleithund.

FELL: lang, ohne Unterwolle, tägliches Bürsten und Kämmen sind unerlässlich; weiß.

GRÖSSE: Schulterhöhe 19 bis 26 cm.

GEWICHT: 3 bis 4 kg.

GUT GEEIGNET FÜR: Anfänger und Menschen, die bei schlechtem Wetter auch mal auf dem Sofa liegen bleiben möchten.

ANFÄLLIGKEITEN: keine rassetypischen Krankheiten bekannt.

MOPS

Der Mops ist eine der ältesten Hunderassen, er entstand vor etwa 2000 Jahren. Ursprünglich aus China stammend, kam er mit Händlern im 16. Jahrhundert nach Europa. Ein gesunder Mops ist vital, anpassungsfähig, gesellig. Da er nicht zu Aggression neigt, kann er gut mit anderen Haustieren gehalten werden. Allerdings: Die massiven Veränderungen der Schädelanatomie bei der Züchtung bedingen erhebliche Atemprobleme, sodass es dem Tier oft nicht gut geht.

TYP: Gesellschafts- und Begleithund.

FELL: kurz, fein, glatt, recht stark haarend; regelmäßiges Bürsten und gründliches Säubern der Hautfalten nötig; schwarz, apricot, silber- und hellfalbfarben (jeweils mit dunkler Maske).

GRÖSSE: Schulterhöhe 25 bis 32 cm.

GEWICHT: 6,5 bis 8,5 kg.

GUT GEEIGNET FÜR: Senioren und Familien mit nicht zu kleinen Kindern; fühlt sich in der Stadt und auf dem Land wohl.

ANFÄLLIGKEITEN: Haut- und Atemwegskrankheiten, Augenentzündung, Übergewicht.

PARSON JACK RUSSELL und JACK RUSSELL

Der Namensgeber der Rasse, Reverend John (Jack) Russell (1795–1883), widmete sich neben seinen Pastorenpflichten vorwiegend Hunden. Ihm gehörte die legendäre Hündin Trump, die heute als Stammmutter aller Parson Jack Russell gilt. Diese Rasse ist eher eigensinnig, ungestüm, draufgängerisch, manchmal auch frech und stur. Deshalb ist sie nur schwer mit Katzen, Meerschweinchen oder anderen Kleintieren zu halten.

TYP: Jagd- und Familienhund.

FELL: Glatt-, Rau- oder Stichelhaar (die beide regelmäßig getrimmt werden sollten); weiße Farbe oder weiß mit lohfarbigen, gelben oder schwarzen Abzeichen.

GRÖSSE UND GEWICHT: Parson Jack Russell: 33 bis 36 cm Schulterhöhe bei einem Gewicht von 4 bis 8 kg. Jack Russell: 25 bis 30 cm bei 5 bis 6 kg.

GUT GEEIGNET FÜR: durchsetzungsfähige Menschen, die genügend Zeit und Spaß daran haben, mit dem Hund zu arbeiten.

ANFÄLLIGKEITEN: Augenerkrankungen, Taubheit und Hautallergie.

PEKINESE

Vermutlich existierten Hunde, die dem heutigen Pekinesen ähnlich waren, bereits zu Zeiten des Philosophen Konfuzius um das Jahr 500 v. Chr. Die Rasse erhielt ihren Namen durch die Stadt Peking. Dort durften die Tiere nur als Palasthunde des Kaisers gehalten werden. 1893 wurden Pekinesen in Großbritannien zum ersten Mal ausgestellt, ein Jahr später folgte ihre Anerkennung als Rasse.

Manche meinen, ihr Wesen ähnele eher dem einer Katze als dem eines Hundes: Einen Pekinesen an Regeln zu gewöhnen ist nicht einfach. Denn er mag klein sein, ist aber niemals unterwürfig. Er ist selbstbewusst und unbestechlich – von alters her waren Pekinesen schließlich das Leben in Palästen gewohnt.

TYP: Begleithund.

FELL: üppiges, dichtes, sehr pflegeaufwendiges Fell, das täglich gebürstet werden muss.

GRÖSSE: Schulterhöhe 15 bis 25 cm.

GEWICHT: 4 bis 6 kg.

GUT GEEIGNET FÜR: entspannte Hundehalter, die ihren Vierbeiner gern pflegen und nicht den Anspruch haben, dass er ihnen aufs Wort gehorcht.

ANFÄLLIGKEITEN: Atemnot aufgrund der kurzen Nase; die vorstehenden großen Augen sind empfindlich.

PHALÈNE und PAPILLON

Der Phalène wurde bereits im Spätmittelalter auf vielen Gemälden abgebildet; aus ihm entstand der Papillon, der erst im 19. Jahrhundert populär wurde. Mit dem Beginn der Reinzucht nach 1969 durften nur noch Papillons mit Papillons und Phalènes mit Phalènes verpaart werden. Diese Vorschrift gilt bis heute.

Beide Rassen zeichnen sich durch ihre Lebhaftigkeit aus. Deshalb sollte man ihnen mindestens ein- bis zweimal in der Woche einen sehr langen Auslauf gönnen – und grundsätzlich viel mit ihnen spielen. Sie sind verträglich und geraten nur selten in Streit mit größeren Hunden. Darüber hinaus sind sie ideale Reisebegleiter, die sich neuen Umständen schnell und problemlos anpassen. Allerdings brauchen diese Hunde eine konsequente Erziehung. Andernfalls neigen sie zu aufsässigem Kläffen.

TYP: Begleithund.

FELL: mittellang, fein, seidig, ohne Unterwolle; meist zwei- oder dreifarbig, auf weißem Grund; selten einfarbig rot, braun oder schwarz.

GRÖSSE: Schulterhöhe 20 bis 28 cm.

GEWICHT: 2,5 bis 4,5 kg.

GUT GEEIGNET FÜR: Halter, die viel unterwegs sind und gern ihren Hund dabeihaben; ältere Menschen und Stadtbewohner.

ANFÄLLIGKEITEN: Patellaluxation (lockere Kniescheiben).

SHIBA INU

Der natürliche Lebensraum dieser alten, ursprünglichen Rasse war die bergige Gegend am Japanischen Meer. Dort wurde der Hund für die Jagd auf kleines Wild und Vögel verwendet. Deshalb kann der freie Auslauf mit dem Shiba Inu sehr schwierig sein, zu groß ist oft seine archaische Jagdpassion. Aber er bellt kaum, pflegt sich gern selbst und ist allzeit bereit, sich auf eine neue, überraschende Übung einzulassen.

TYP: ursprünglich Jagdhund, heute Familienhund.

FELL: hartes, gerades Deckhaar mit weicher, dichter Unterwolle; rot, sesamfarben, schwarzbraun.

GRÖSSE: Schulterhöhe 36 bis 41 cm.

GEWICHT: 8 bis 14 kg.

GUT GEEIGNET FÜR: naturverbundene Menschen, die einen robusten Hund suchen, der sie überallhin begleitet.

ANFÄLLIGKEITEN: kaum erbliche Erkrankungen bekannt.

SHIH TZU

Der Shih Tzu ist eine alte tibetische Rasse. Er verkörpert symbolisch den Löwen, eine wichtige buddhistische Leitfigur. Von Tibet aus kam er zunächst nach China, später nach England. Neben seiner langen Mähne, die viel Pflege bedarf, ist der Shih Tzu für sein ein wenig majestätisches Wesen bekannt. Er ist einerseits fröhlich und anschmiegsam, andererseits aber auch eigenwillig und hat eine starke Persönlichkeit. Trotz seiner geringen Größe ist er deshalb kein Schoßhund. Optisch ist er der Zwilling des Lhasa Apso und unterscheidet sich von diesem lediglich durch einen leichten Vorbiss und die weißen Fellflecken.

TYP: Gesellschafts- und Begleithund.

FELL: lang, dicht, mit reichlich Unterwolle; sehr viele Farbvarianten.

GRÖSSE: Schulterhöhe 22 bis 27 cm.

GEWICHT: 4 bis 8 kg.

GUT GEEIGNET FÜR: Senioren und Menschen, die nicht täglich mehrere Stunden draußen sein wollen, aber Freude an der aufwendigen Fellpflege haben.

ANFÄLLIGKEITEN: Atemnot aufgrund der kurzen Nase; empfindliche Augen; vor allem die sehr kurznasigen Exemplare sind recht hitzeempfindlich.

WEST HIGHLAND WHITE TERRIER

Hunde dieser Rasse sind schon auf britischen Gemälden aus dem 19. Jahrhundert zu sehen. 1905 wurde in Schottland der erste West Highland White Terrier Club gegründet. Der damals aufgestellte Rassestandard hat sich seither kaum verändert. Traditionell wurde der West Highland White Terrier zur Jagd eingesetzt – heute ist er geradezu ein Modehund. Man sollte sich von seinem Äußeren aber nicht täuschen lassen: Er ist aktiv, robust, unerschrocken. Bei aller Wachsamkeit und allem Mut ist er zudem freundlich und dem Menschen zugewandt. Auch im Umgang mit Kindern ist er aufmerksam und unkompliziert. So wie sie liebt er Spielzeug und braucht eine konsequente, aber liebevolle Erziehung. Gemessen an seiner Größe hat er ein hohes Laufbedürfnis, ist kein Hund für Stubenhocker.

TYP: Begleithund.

FELL: hart, drahtig mit Unterwolle, muss mehrmals im Jahr getrimmt werden; weiß.

GRÖSSE: Schulterhöhe 27 bis 31 cm.

GEWICHT: 7 bis 10 kg.

GUT GEEIGNET FÜR: Familien sowie ältere und alleinstehende Menschen.

ANFÄLLIGKEITEN: Patellaluxation (lockere Kniescheiben), Allergien, Lebererkrankungen.

YORKSHIRETERRIER

Englische und schottische Weber sollen diese Rasse im 19. Jahrhundert geschaffen haben, als sie schottische Terrier wie den Clydesdale oder den Paisley mit Maltesern kreuzten. 1886 entschied der Kennel Club, der englische Züchterverband, den Yorkshireterrier unter diesem Namen anzuerkennen. In Deutschland finden sich die ersten Eintragungen 1912 im Zwerghunde-Zuchtbuch. Der Yorkshireterrier ist lebhaft, vorwitzig, fröhlich: Leidenschaftlich buddelt er nach Mäusen, er ist mutig und kann ein ziemlicher Sturkopf sein. Viel Auslauf braucht er aber nicht, sodass er sich auch in der Stadt wohl fühlt. Wichtig ist Kontakt zu anderen Hunden, auch wenn er denen gegenüber mitunter zu Aggression neigt.

TYP: Begleithund.

FELL: lang, glatt, ohne Unterwolle; lohfarben an Kopf, Brust und Läufen, der Mantel ist stahlblau.

GRÖSSE: Schulterhöhe 18 bis 23 cm.

GEWICHT: 2,2 bis 3 kg.

GUT GEEIGNET FÜR: Familien mit und ohne Kinder, Singles und Senioren.

ANFÄLLIGKEITEN: Zahnstein, Zahnausfall, Patellaluxation (lockere Kniescheiben), Luftröhrenkollaps – je kleiner der Hund, desto stärker ausgeprägt.

ZWERGPINSCHER

Ein Zwergpinscher soll heute aussehen wie ein Pinscher im Taschenformat. Um 1895 begann in Deutschland die Reinzucht, Zwergpinscher waren damals als Salonhunde adeliger Damen in Mode. Das merkt man auch heute: Er ist pflegeleicht und anhänglich – aber zugleich wehrhaft: *to pinch* bedeutet so viel wie „kneifen“ oder „zwicken“.

TYP: Begleithund.

FELL: kurz, anliegend und ohne Unterwolle (daher braucht der Zwergpinscher bei schlechtem Wetter eine Jacke oder einen Mantel). Farbe: Hirschrot, Schwarz-Lohfarben, Braun, und Schwarz-Rot.

GRÖSSE: Schulterhöhe 25 bis 30 cm.

GEWICHT: 3 bis 5 kg.

GUT GEEIGNET FÜR: Menschen mit wenig Wohnraum, die sehr aktiv sind, denn der Zwergpinscher ist zwar klein, aber kein bequemer Hund.

ANFÄLLIGKEITEN: kälteempfindlich; insbesondere die Ohren sind gefährdet, Erfrierungen zu erleiden; Patellaluxation (lockere Kniescheiben) kann vorkommen.

Die beliebtesten **mittelgroßen** Hunderassen

Unter den mittelgroßen Hunden ist für jeden etwas dabei – vom gemütlichen Basset bis zum quirligen Entlebucher. Die meisten sind für Familien gut geeignet

AUSTRALIAN SHEPHERD

Sein Name täuscht, denn der Ursprung dieser Rasse liegt in den USA: Dort pflanzten sich Hütehunde miteinander fort, die Schafzüchter im 19. Jahrhundert unter anderem aus Australien mitgebracht hatten.

Der Australian Shepherd ist ein anspruchsvoller Hund, und sein Temperament ist nicht für jedermann geeignet. Bei der Auswahl sollte man sich die Elterntiere ansehen und beobachten, was sie ihrem Welpen wohl mitgegeben haben.

Sofern in den richtigen Händen, lässt der Australian Shepherd sich auch zu einem Rettungs- oder Therapiehund ausbilden.

TYP: Arbeits- und Hütehund.

FELL: gerade bis gewellt, mittellang und mit dichter Unterwolle; von schwarz über blue- und red-merle bis rot; die beliebten „bunten" Hunde mit dem sogenannten Merle-Gen haben häufig blaue Augen; bei diesen Farbschlägen handelt es sich jedoch um einen Gendefekt.

GRÖSSE: Schulterhöhe 48 bis 58 cm.

GEWICHT: 16 bis 28 kg.

GUT GEEIGNET FÜR: erfahrene Hundehalter, die genügend Zeit und Kenntnisse mitbringen, um diesen anspruchsvollen Hundetyp richtig auszulasten.

ANFÄLLIGKEITEN: Hüftgelenk- und Ellenbogendysplasie; bei Verpaarungen zwischen Merle-Hunden kommen häufig blinde und taube Welpen zur Welt, weshalb die Vermehrung in Deutschland verboten ist.

BASSET HOUND

Entstanden ist diese Rasse im 19. Jahrhundert aus einer Kreuzung französischer Bassets mit dem Bluthund. Sie wurde ursprünglich für die Jagd im Dickicht gezüchtet. Als ehemaliger Meutehund ist der Basset Hound auf Gesellschaft angewiesen, verhält sich dann auch eher sanft und ruhig, geduldig und anhänglich. Und da er ein besonders leidenschaftlicher Schnüffler ist, braucht er viele Gelegenheiten, um seinen Riechsinn einzusetzen.

TYP: Jagdhund, Familienhund.

FELL: glatt, kurz, dicht und pflegeleicht; Farbe: dreifarbig (schwarz, loh und weiß) oder zweifarbig (lemonfarben und weiß).

GRÖSSE: Schulterhöhe 33 bis 38 cm.

GEWICHT: 25 bis 30 kg.

GUT GEEIGNET FÜR: Liebhaber und Fans von Hunden mit einem unverwechselbaren Äußeren und Charakter.

ANFÄLLIGKEITEN: Ohrenentzündung und -verletzungen, Bindehautentzündung, Hautekzeme durch die starken Falten, Hodensack- und Vorhauterfrierungen; Wirbelsäule und Gelenke können durch zu frühe und zu starke Beanspruchung stark in Mitleidenschaft gezogen werden.

BAYERISCHER GEBIRGS-SCHWEISSHUND

Der Bayerische ist aus dem Hannoverschen Schweißhund hervorgegangen, der im 19. Jahrhundert mit Tiroler- und Brandlbracken gekreuzt worden war. Er ist der klassische Begleiter für Berufsjäger und für Förster im Gebirge, mittlerweile wird er auch häufig als Personensuchhund im Polizei- und Rettungsdienst eingesetzt. Als reiner Familienhund ist er nur bedingt geeignet: Er besitzt zwar einen ruhigen, ausgeglichenen Charakter – aber der Suchinstinkt sitzt tief.

TYP: hochspezialisierter Jagdhund.

FELL: dicht, kurz, glatt und anliegend; jede Schattierung von Rot möglich, Fang und Behang sind dunkel.

GRÖSSE: Schulterhöhe 44 bis 52 cm.

GEWICHT: 18 bis 28 kg.

GUT GEEIGNET FÜR: Spezialisten in der Hundehaltung und Jäger mit Familie.

ANFÄLLIGKEITEN: keine bekannt.

BEAGLE

Vermutlich wurde der Beagle für die Hasenjagd aus dem größeren Fuchshound herausgezüchtet. Der englische Pastor Phillip Honeywood aus Essex begann 1830, die Rasse gezielt zu vermehren. Die Passion des Beagle ist es, Fährten zu verfolgen. Sein Wesen: freundlich, geruchsgesteuert – und immer hungrig. Einer seiner Vorzüge: Mithilfe von Futter ist er leicht zu erziehen.

TYP: Jagd- und Laufhund.

FELL: pflegeleicht, kurz, dicht und wetterfest; hin und wieder striegeln reicht; dreifarbig (schwarz-braun-weiß oder blau-weiß-braun), dachs-, hasenfarbig oder zitronengelb gefleckt; zitronengelb, rot, braun oder schwarz mit Weiß; ganz weiß (Rutenspitze immer weiß).

GRÖSSE: Schulterhöhe 33 bis 40 cm.

GEWICHT: 11 bis 18 kg.

GUT GEEIGNET FÜR: Menschen, die genug Zeit haben, diesen Hund artgerecht auszulasten und zu beschäftigen.

ANFÄLLIGKEITEN: Ohren- und Augenentzündungen, Epilepsie.

BORDER COLLIE

Schon im 16. Jahrhundert setzten Schäfer in Großbritannien *sheep dogs* zum Sammeln der Tiere ein. Als Stammvater der modernen Border Collies wird der 1893 geborene Rüde Old Hemp angesehen, der das Verhalten von Schafen einschätzen konnte wie kein anderer und daher als Zuchthund sehr begehrt war. Beim Treiben der Herde läuft der Border Collie schon einmal 150 Kilometer am Tag. Er ist ausgesprochen schlau, löst mit Vorliebe Aufgaben und akzeptiert den Menschen gern als Leitfigur.

TYP: Arbeits- und Hütehund.

FELL: stock- oder langhaarig; große Farbenvielfalt, unter anderem schwarz-weiß, braunweiß, rot-weiß, trikolor.

GRÖSSE: Schulterhöhe 50 bis 55 cm.

GEWICHT: 14 bis 22 kg.

GUT GEEIGNET FÜR: Menschen, die einen Arbeitshund verantwortungsvoll ausbilden und auch auslasten können.

ANFÄLLIGKEITEN: Hüftgelenkdysplasie, Retinaatrophie (Absterben der Netzhaut), Epilepsie.

COLLIE

In Schottland, wo er die Schafe in den Hochmooren bewachte, kennt man diesen Schäferhund seit dem 13. Jahrhundert. 1840 wurde in England der erste Collie-Club gegründet, der Rassestandard ist seit 1881 festgeschrieben.

Ein Collie stellt im Wesentlichen zwei Ansprüche: Er will immer dabei sein – und viel laufen. Collies sind temperamentvolle und spielfreudige Tiere, ein Leben lang. Dabei sind sie ausgesprochen intelligent und zugleich gern gehorsam.

TYP: Begleithund.

FELL: Langhaar – langes, eher grobes Deckhaar mit weicher, dichter Unterwolle, muss regelmäßig gekämmt werden, ist aber strapazierfähiger und unempfindlicher als bei anderen Langhaar-Rassen; Kurzhaar – kurz, stockhaarig; zobelweiß, trikolor, blue-merle.

GRÖSSE: Schulterhöhe 51 bis 61 cm.

GEWICHT: 20 bis 30 kg.

GUT GEEIGNET FÜR: Collies eignen sich für Alleinstehende wie für Familien mit Kindern; für alle Menschen, die sich gern bewegen und noch nicht viel Erfahrung mit Hunden haben.

ANFÄLLIGKEITEN: Hüftgelenkdysplasie, Augenerkrankungen, vereinzelt Epilepsie, Geräuschempfindlichkeit, empfindlicher Magen-Darm-Trakt; reagiert extrem sensibel auf bestimmte Medikamente.

DEUTSCHER SPITZ

Der Spitz gehört zu den ältesten Haushunderassen; aufgrund seiner langen Geschichte lässt sich nicht genau nachvollziehen, wer seine Vorfahren waren. Heute sind Spitze auf der ganzen Welt als hervorragende Wachhunde bekannt. Sie stromern und wildern nicht, ihre Passion ist das Aufpassen, nicht das Jagen. Sie sind robust, unkompliziert, anhänglich, verträglich mit anderen Tieren. Lautstarkes Bellen allerdings liegt in ihrer Natur.

TYP: Wach-, Haus- und Begleithund.

FELL: lang, fein, aber pflegeleicht (regelmäßiges Bürsten ist ausreichend); schwarz, weiß, braun, orange, grau oder gescheckt.

GRÖSSE UND GEWICHT: Wolfsspitz: Schulterhöhe 45 bis 55 cm, ca. 20 kg; Großspitz: 42 bis 50 cm, 15 bis 20 kg; Mittelspitz: 30 bis 38 cm, 7 bis 10 kg; Kleinspitz: 23 bis 28 cm, 4 bis 5 kg; Zwergspitz: 18 bis 22 cm, 1,5 bis 3,5 kg.

GUT GEEIGNET FÜR: Menschen, die einen anhänglichen Begleiter suchen und bereit sind, täglich weite Spaziergänge mit ihm zu unternehmen oder den Hund mit Sportarten wie Agility, Longieren oder Dog Dance auszulasten.

ANFÄLLIGKEITEN: gelegentlich Erkrankungen der Kniegelenke, Haarausfall.

ENGLISCHER COCKERSPANIEL

Die Urväter dieser Rasse wurden im 19. Jahrhundert aus Spanien nach England importiert und dort zu Spezialisten für die Jagd auf Hühner und Schnepfen weitergezüchtet. Das Wesen dieses Hundes ist freundlich, unkompliziert, verspielt – aber er ist selten leise. Außerdem bedarf sein markantestes Merkmal, das seidige Fell, einer intensiven Pflege.
TYP: Stöber- und Apportierhund, Wasserhund.
FELL: glatt, seidig, muss alle drei Tage gründlich gekämmt und viermal im Jahr getrimmt werden (zupfen, nicht schneiden); zahlreiche Farbvarianten, unter anderem Rot, Schwarz, Schwarzloh, Braun oder gescheckt.
GRÖSSE: Schulterhöhe 37 bis 42 cm.
GEWICHT: 11 bis 14 kg.
GUT GEEIGNET FÜR: bewegungsfreudige Menschen mit einem Faible für Apportieren, Fährtenarbeit oder Hundesport.
ANFÄLLIGKEITEN: Gehörgangentzündung und Lefzen-Ekzem.

ENTLEBUCHER SENNENHUND

Die erste Beschreibung stammt von 1889. Zu dieser Zeit waren alle vier Sennenhundtypen – Entlebucher, Großer Schweizer, Berner und Appenzeller – fast ausgestorben. Hundefreunden gelang es jedoch, die Zucht zu erneuern, auch bei diesem kleinsten Typ. Er ist eifrig, selbstsicher und belastbar, intelligent und gelehrig – und somit für viel Aktivität zu haben.
TYP: Treib,- Hüte- und Begleithund.
FELL: kurz, fest, stockhaarig; farblich wie alle Sennenhunde: Grundfarbe Schwarz mit rot-braunen Abzeichen an den Backen, über den Augen sowie an Läufen und Brust, zudem weiße, symmetrisch deutlich abgegrenzte Abzeichen an Kopf, Fang, Vorderbrust und Pfoten sowie eine weiße Rutenspitze.
GRÖSSE: Schulterhöhe 42 bis 50 cm.
GEWICHT: 25 bis 30 kg.
GUT GEEIGNET FÜR: sportliche, aktive Singles und Familien, die bei jedem Wetter gern draußen sind.
ANFÄLLIGKEITEN: Hüftgelenkdysplasie, Augenkrankheiten (grauer Star, progressive Retinaatrophie).

GOLDEN- und LABRADOODLE

Sogenannte „Designerdogs“ wie Goldendoodle (Foto), Labradoodle, Schnoodle oder Puggle gehen aus einer gezielten Verpaarung zweier unterschiedlicher reinrassiger Hunde hervor. Der Boom begann 1988 mit dem Australian Labradoodle.

Goldendoodle sind aus einem Golden Retriever und einem Pudel entstanden, der Schnoodle aus einem Schnauzer und Pudel, der Puggle aus einem Beagle und einem Mops. Designerdogs sind fast immer Nachfahren der ersten Elterngeneration, denn nur so lässt sich bis zu einem gewissen Grad vorhersagen, wie die Hunde sich verhalten werden. Genau das versprechen viele Züchter. Sie werben damit, auf diese Weise das Beste der Ursprungsrassen zu vereinen – also „bessere Hunde“ zu bieten. Das kann funktionieren, ist aber keineswegs garantiert. Mitunter bringt ein Welpe gerade die weniger angenehmen Eigenschaften der Ursprungsrassen zusammen. Auch für Designerdogs gilt, was für andere Rassen gilt: Sie brauchen Zeit, Konsequenz und Beschäftigung und sind nicht von Natur aus wohlerzogen.

TYP: Begleithunde.

FELL: mittellang mit Unterwolle und Korkenzieherlocken; creme- oder goldfarben, apricot, schokobraun, grau, schwarz.

GRÖSSE UND GEWICHT: drei Gewichtsklassen: „normaler“ Goldendoodle: 50 bis 70 cm, 20 bis 35 kg; mittlerer Goldendoodle (aus Retriever und Kleinpudel): 35 bis 50 cm, 10 bis 20 kg; kleiner Goldendoodle (Mischung mit Zwergpudel): 25 bis 35 cm, 5 bis 10 kg.

GUT GEEIGNET FÜR: Familien mit Kindern oder für Therapiezwecke.

ANFÄLLIGKEITEN: Einige Hunde leiden unter Hautkrankheiten.

GOLDEN RETRIEVER

Der Golden Retriever ist die erste Schönheitszucht eines Arbeitshundes. 1864 kaufte der schottische Lord Tweedmouth einen gelben Retriever für die Jagd. Der Hund arbeitete gut, sein Äußeres aber gefiel dem Lord nicht. 1867 ließ er ihn deshalb eine Wasserspanielhündin decken, kreuzte deren Nachkommen erneut mit einem Wasserspaniel, diese Welpen wieder mit einem Retriever und die nächsten Nachkommen noch einmal mit einem Setter. 1903 wurde der Golden Retriever vom britischen Kennel Club als Rasse anerkannt.

Ein „Goldie" scheint sich nichts mehr zu wünschen, als zu gefallen und seinem Menschen zuzuarbeiten. Das macht ihn zu einem sehr vielseitigen, äußerst beliebten Hund. Er ist ausgesprochen freundlich, friedfertig und zutraulich. Auch in kritischen Situationen bleibt er gelassen. Sein Spezialtalent: Apportieren. Daher sollte er ausgiebig beschäftigt werden. Seine große Beliebtheit führte allerdings zu einer Massenzüchtung, aus der auch ängstliche, aggressive und von allerlei Krankheiten geplagte Hunde hervorgekommen sind. Grundsätzlich gliedert sich die Züchtung in eine agilere, leichtere „Arbeitslinie" und eine ruhigere, stämmigere „Slowlinie".

TYP: Vielseitiger Arbeits-, Jagd- und Begleithund.

FELL: glatt oder leicht gewellt, langes, fransiges Deckhaar mit wasserdichter Unterwolle; alle Gold- und Blondtöne.

GRÖSSE: Schulterhöhe 51 bis 61 cm.

GEWICHT: 25 bis 35 kg.

GUT GEEIGNET FÜR: Familien, Jäger sowie für die Ausbildung zum Assistenz- oder Rettungshund.

ANFÄLLIGKEITEN: Hüftgelenk- und Ellenbogendysplasie, Krebs, Augenkrankheiten.

IRISH SETTER und ENGLISH SETTER

Von allen vier Setterrassen (Irish, Irish Red and White, English und Gordon Setter) ist der Irish Setter in Deutschland am meisten verbreitet. Früher wurden sie zur Jagd gezüchtet, aber wegen ihrer Schönheit und Eleganz auch zum Repräsentieren.

TYP: Jagd- und Begleithund.

FELL: lang, seidig; rot (Irish), weiß mit rotbraunen (Irish Red and White) oder gelben, orangefarbenen, braunen oder schwarzen Tupfen (English), schwarz mit rotem Brand (Gordon).

GRÖSSE: Schulterhöhe 55 bis 68 cm.

GEWICHT: 27 bis 32 kg.

GUT GEEIGNET FÜR: aktive, sportliche Menschen – und vor allem für Jäger.

ANFÄLLIGKEITEN: eine Erbkrankheit, die zu Infektionsanfälligkeit führt, Taubheit, Ekzeme, Leukodystrophie (Hirnleiden).

KOOIKERHONDJE

Bereits auf Gemälden holländischer Meister des 16. Jahrhunderts sind diese Hunde zu sehen. Mitte des 20. Jahrhunderts wären die Kooikerhondjes fast ausgestorben; alle heutigen Tiere gehen auf die wenigen Exemplare zurück, die damals noch existierten. Seit 1971 ist die Rasse offiziell anerkannt. Der Hund hat wenig Jagdtrieb und ein sanftes, ruhiges, sensibles Wesen, ist aufmerksam, aber schlägt nur an, wenn ein guter Grund vorhanden ist. Nur Kleinkindern gegenüber verhält er sich eher reserviert, für ältere ist er dagegen ein guter Spielkamerad.

TYP: Begleithund, Familienhund.

FELL: mittellang, wellig; weiß mit rot-orangefarbenen Platten und schwarz umrandeten roten Ohren.

GRÖSSE: Schulterhöhe 35 bis 42 cm.

GEWICHT: 9 bis 11 kg.

GUT GEEIGNET FÜR: sportliche Menschen mit dem nötigen Feingefühl. Der Kooikerhondje ist eine echte Alternative für alle, denen der Australian Shepherd zwar gefällt, aber zu anstrengend ist.

ANFÄLLIGKEITEN: Erbkrankheiten (Epilepsie, Augenleiden, Blutgerinnungsstörung, und Degeneration des Knochenmarks).

KROMFOHRLÄNDER

Der Kromfohrländer wurde erst im Jahr 1955 international anerkannt und ist damit eine der jüngsten Gesellschafts- und Begleithunderassen. Die Erstzüchterin wohnte in Nordrhein-Westfalen in der Nähe der Gemarkung „krom Fohr", was auf Hochdeutsch „krumme Furche" heißt.

Der Hund ist sehr intelligent, lernfähig und bis ins hohe Alter verspielt. Daher aber auch schnell unterfordert. In Familien tendiert er dazu, vor allem einer Person zu gehorchen. Die anderen mag er zwar, aber er folgt ihnen nicht unbedingt.

TYP: Gesellschafts- und Begleithund.
FELL: glatt- oder drahthaarig; weiß mit rotbraunen Platten.
GRÖSSE: Schulterhöhe 38 bis 46 cm.
GEWICHT: 9 bis 16 kg.
GUT GEEIGNET FÜR: Stadt und Land, Familien mit größeren Kindern und Singles; der Kromfohrländer ist für alle Lebenslagen gut geeignet.
ANFÄLLIGKEITEN: gelegentliches Auftreten von Harnsteinen.

LABRADOR RETRIEVER

Diese Rasse stammt ursprünglich aus Neufundland. Dort wurde sie bei der Jagd und beim Fischen eingesetzt. Zu den Aufgaben der Hunde gehörte es, abgetriebene Fische oder Fischernetze aus dem Meer zu holen. 1903 wurde der Labrador Retriever vom Kennel Club, dem englischen Züchterverband, als Rasse anerkannt. Er ist der Inbegriff eines freundlichen Familienhundes – und das zu Recht: Er ist verspielt, kooperationsbereit und belastbar. Lärm und tobende Kinder machen ihm wenig aus. Ein weiterer Pluspunkt: Labradore sind keine Kläffer.

TYP: Jagd- und Begleithund.
FELL: kurzes, hartes Haar mit wasserabweisender Unterwolle, das keiner großen Pflege bedarf (ab und zu bürsten genügt); schwarz, weiß, gelb und schokobraun.
GRÖSSE: Schulterhöhe 54 bis 57 cm.
GEWICHT: 25 bis 35 kg.
GUT GEEIGNET FÜR: Anfänger in der Hundehaltung, die aber sehr sportlich sein sollten.
ANFÄLLIGKEITEN: Hüftgelenk- und Ellenbogendysplasie, Übergewicht.

PODENCO

Podenco ist ein Oberbegriff für windhundartige Jagdhunde, die zur Hetzjagd eingesetzt werden. Es gibt den Podenco Ibicenco, den von den Kanarischen Inseln stammenden Podenco Canario und den Podenco Português. Alle Varianten stammen vermutlich von einem ägyptischen Windhund ab. Nahezu sämtliche in Deutschland lebenden Podencos kommen aus dem Tierschutz. Viele werden nichtsahnend als „Mischlinge" aufgenommen. Bald wird allerdings klar: Der Podenco ist ein Vollblutjäger. Spaziergänge ohne Leine sind mit ihm daher eher die Ausnahme, denn wirkliche Erfüllung findet er nur darin, kleineren Tieren nachzujagen. Allerdings ist er nicht aggressiv, kommt gut mit anderen Hunden zurecht und ist sehr komfortorientiert. Gut ausgelastet, ist er daheim also eher ruhig, ausgeglichen und sucht einen behaglichen Platz.

TYP: Lauf- und Schweißhund.

FELL: meist glatt und kurz, aber auch lang- oder rauhaarig; rot, weiß und Kombinationen aus beidem; je nach Schlag auch schwarz, gelb und lohfarben.

GRÖSSE UND GEWICHT: Ibicenco 60 bis 72 cm Schulterhöhe, 20 bis 25 kg; andere Schläge zum Teil wesentlich kleiner und leichter.

GUT GEEIGNET FÜR: Menschen, die ein Tier mit ausgeprägtem Jagdtrieb auslasten können, die wissen, worauf sie sich einlassen, und die das katzenhafte Wesen dieser Hunde schätzen.

ANFÄLLIGKEITEN: keine rassebedingten Erkrankungen bekannt.

PUDEL

Alt ist diese Rasse, aber über ihren Ursprung ist nichts Genaues bekannt. Man findet den Pudel bereits auf Abbildungen des Barock und des Rokoko. Er wurde ursprünglich als Jagdhund gezüchtet, mag das heute angesichts mancher Exemplare auch schwer zu glauben sein. Geblieben ist davon vor allem die Freude am Apportieren und ein Hang zum Bellen. Pudel sind Multitalente, die sich für Arbeit, Sport und Alltag eignen, auch mit Familien kommen sie gut zurecht. Denn sie sind zuverlässig, loyal und leicht zu erziehen.

TYP: Gesellschafts- und Begleithund.

FELL: dicht, gekräuselt und wollig; das stetig wachsende Fell sollte mehrmals in der Woche gebürstet und alle sechs bis acht Wochen geschoren werden; schwarz, weiß, braun, silberfarben, apricot, schwarz-loh und „harlekin“ (weiß mit schwarzen Platten).

GRÖSSE UND GEWICHT: Es gibt zahlreiche Typen, unter anderem: Toypudel, ca. 25 cm Schulterhöhe bei 2 kg Gewicht; Großpudel, bis zu 60 cm Schulterhöhe bei ca. 25 kg Gewicht; dazwischen sind alle Größen möglich.

GUT GEEIGNET FÜR: Familien mit Kindern ebenso wie Singles und Senioren.

ANFÄLLIGKEITEN: Beim Großpudel tritt gelegentlich Hüftgelenkdysplasie auf; bei den Klein-, Zwerg- und Toypudeln manchmal progressive Retinaatrophie (fortschreitender Netzhautschwund) und grauer Star; kleine Pudel können zudem Probleme mit den Kniescheiben bekommen.

WHIPPET

Die Rasse entstand im 19. Jahrhundert vermutlich aus Greyhound, Italienischem Windspiel und englischem Terrier, die dem Whippet seinen Schneid und sein Temperament verliehen haben. Die Hunde wurden vor allem für ihren Auftritt auf der Rennbahn gezüchtet, wo sie eine Geschwindigkeit von bis zu 65 km/h erreichen.

Wilderer und Jäger hielten die zähen Hunde für die Jagd auf freiem Feld, weil sie, wie alle Windhunde, auf Sicht jagen. Whippets laufen heute noch auf Rennbahnen, werden meist jedoch als pflegeleichte Familienbegleiter gehalten. Denn sie sind anhänglich und suchen stets Kontakt zum Menschen.

TYP: Windhund.

FELL: kurz, ohne Unterwolle; alle Farbvariationen sind möglich, auch gestromt, mit Flecken, Blessen und Punkten.

GRÖSSE: Schulterhöhe 44 bis 51 cm.

GEWICHT: 10 bis 15 kg.

GUT GEEIGNET FÜR: Aktive Familien und Menschen, die viel in Bewegung sind.

ANFÄLLIGKEITEN: Es sind keine rassetypischen Krankheiten bekannt; Whippets frieren jedoch leicht und erkälten sich recht schnell, weshalb sie bei schlechtem Wetter einen Mantel tragen sollten.

Die beliebtesten **großen** Hunderassen

Die Riesen unter den Hunden können eine Schulterhöhe von knapp einem Meter erreichen. Viele werden bis heute auch als Arbeitshunde eingesetzt

BERNER SENNENHUND

Entstanden ist die Rasse aus Schweizer Bauernhunden in der Nähe von Bern. 1904 wurde sie ins Schweizerische Hundestammbuch eingetragen, den heute gültigen Rassestandard gibt es erst seit 1993. Der Berner Sennenhund ist gutmütig und eher gemütlich, er ist ein idealer Gefährte für Wanderungen und fügt sich leicht in Familien ein.

TYP: Hof- und Treibhund, heute Begleithund.

FELL: lang, schlicht oder leicht gewellt, sollte jeden zweiten Tag gebürstet werden; Farbe: Schwarz mit sattem braunrotem Band an Wangen, Augen, Läufen und Brust, sowie weiße Blesse; Fang-, Kehl- und Brustzeichnung.

GRÖSSE: Schulterhöhe 58 bis 70 cm.

GEWICHT: 35 bis 55 kg.

GUT GEEIGNET FÜR: Menschen mit großem Garten und viel Platz, die großzügig über ein paar Hundehaare und etwas Dreck hinwegsehen.

ANFÄLLIGKEITEN: Hüftgelenk- und Ellenbogendysplasie, Tumorerkrankungen, Nierenversagen.

BERNHARDINER

Seit der Mitte des 17. Jahrhunderts hielten die Mönche auf der Passhöhe des Großen St. Bernhard in den Schweizer Alpen große Berg- und Bauernhunde zum Schutz des Hospizes. Die Bernhardiner wurden auch als Rettungshunde zur Bergung verirrter Reisender eingesetzt, ihr Ruf als mutige Lebensretter verbreitete sich schnell in ganz Europa. Seit 1887 ist der Bernhardiner offiziell als Schweizer Hunderasse anerkannt. Als Junghund tollt er noch herum, später begnügt er sich mit einem kurzen Spaziergang. Er lernt gern und ordnet sich gern unter. Nur vernachlässigen darf man ihn nicht: Ein unerzogener Hund dieser Größe kann schnell gefährlich werden.

TYP: Begleit-, Wach- und Hofhund.

FELL: langhaarig; mittellang, glatt oder leicht gewellt. Kurzhaarig; dichtes, eng anliegendes Stockhaar; weiß mit etwas Rot oder umgekehrt, aber nie einfarbig.

GRÖSSE: Schulterhöhe 65 bis 90 cm.

GEWICHT: 70 bis 80 kg.

GUT GEEIGNET FÜR: Menschen mit viel Platz und einem großen Garten.

ANFÄLLIGKEITEN: Bindehautentzündung, Hüftgelenk- und Ellenbogendysplasie, Magendrehung, Knochenkrebs.

BRIARD

Der Ursprung dieser Hunderasse, die auch Berger de Brie genannt wird, liegt wie bei allen Hirtenhunden weit in der Vergangenheit. Konkret beschrieben wurde der Briard erstmals 1809 von Abt Rozier.

In Frankreich wurde im Jahre 1897 ein erster Standard erstellt. Der Hund ist sehr temperamentvoll, mutig, gewitzt und will immer alle beisammenhalten – gleichgültig ob Schafe oder Menschen.

TYP: Hirten- und Begleithund.

FELL: lang mit üppiger Unterwolle; rehfarben, schwarz und grau.

GRÖSSE: Schulterhöhe 56 bis 68 cm.

GEWICHT: 24 bis 35 kg.

GUT GEEIGNET FÜR: Menschen, die ihm eine Aufgabe geben; der Briard ist geeignet für den Hunde-Hindernissport Agility, für Schutzhundesport, aber auch als Rettungshund. Sehr viel Betrieb oder viele Kinder sind für ihn kein Problem – Hauptsache, er ist nicht allein oder unterbeschäftigt.

ANFÄLLIGKEITEN: frei von rassetypischen Krankheiten; allerdings Verletzungsgefahr beim Sport durch die im Rassestandard vorgeschriebene Wolfskralle, eine verkümmerte fünfte Zehe oberhalb der Pfoten.

CHOW-CHOW

Bereits im 11. Jahrhundert v. Chr. beschreiben Chroniken einen prachtvollen Tatarenhund mit blauer Zunge. Vermutlich brachten ihn die Mongolen mit nach China. Chow-Chow bedeutet „lecker, lecker“ und erinnert daran, dass er nicht nur als Schlitten- und Jagdhund, sondern auch als lebendige Fleischreserve gehalten wurde. 1887 begann man in England mit der Zucht. 1894 wurde der Chow-Chow vom englischen Kennel Club, dem Züchterverband, als eigenständige Rasse anerkannt. Als sogenannter Ein-Mann-Hund bindet er sich meist nur an einen Menschen. Dadurch können sich Schwierigkeiten ergeben mit Besuchern oder anderen Familienmitgliedern. Kinder werden bestenfalls von ihm geduldet.

TYP: Wach- und Begleithund.

FELL: üppig, dicht, mit weicher Unterwolle, muss regelmäßig gebürstet werden, eher selten Kurzhaar mit dichtem, glattem, plüschartigem, abstehendem Fell; einfarbig schwarz, rot, blau, reh- oder cremefarben.

GRÖSSE: Schulterhöhe 46 bis 56 cm.

GEWICHT: 20 bis 35 kg.

GUT GEEIGNET FÜR: Individualisten mit Garten; hält sich am liebsten draußen auf, als Wohnungshund daher ungeeignet.

ANFÄLLIGKEITEN: Augenentzündungen, Hüftgelenkdysplasie, Hautkrankheiten.

DALMATINER

Bereits auf ägyptischen Grabbildern und mittelalterlichen Illustrationen sind die gefleckten Hunde zu sehen. Die genaue Herkunft dieser Rasse ist unbekannt. Der heutige Zuchtstandard entwickelte sich in England, wo er 1890 erstmals auch veröffentlicht wurde. Der Dalmatiner ist wendig, ausdauernd und in Maßen eigenständig und verteidigungsbereit. Er ist sehr bewegungsfreudig und doch auch verschmust, anhänglich und braucht die Präsenz seines Besitzers.

TYP: Begleithund.

FELL: kurz und glatt ohne Unterwolle; weiß mit schwarzen oder braunen, auf dem Körper verteilten Tupfen.

GRÖSSE: Schulterhöhe 54 bis 61 cm.

GEWICHT: 27 bis 32 kg.

GUT GEEIGNET FÜR: alle, die sich gern bewegen, am besten viel joggen, wandern, Fahrrad fahren oder reiten – und das mindestens zwei, besser drei Stunden täglich.

ANFÄLLIGKEITEN: Neigung zu Epilepsie, zu Allergien und zur Harnsteinkrankheit; die Gefahr tauber Welpen nimmt proportional zum Weißanteil im Fell der Elterntiere zu, auch blaue Augen scheinen ein Hinweis auf diesen Fehler zu sein.

DEUTSCHE DOGGE

Bis zum Beginn des 16. Jahrhunderts lässt sich die Geschichte dieser Rasse nachzeichnen. Hochläufige Doggen, die unter anderem aus Kreuzungen mit Mastiff und Irischem Wolfshund entstanden, wurden damals aus England nach Deutschland eingeführt. Den Namen „Deutsche Dogge" erhielten sie jedoch erst auf einer Ausstellung im Jahr 1878 in Berlin.

Dieser Hund ist nicht zu übersehen, aber kaum zu hören. Er ist ruhig und ausgeglichen, selten rauflustig. Allerdings sollte man seine Größe und die eigene Kraft gut einschätzen – und viel Zeit in eine sorgfältige Erziehung investieren.

TYP: Begleithund.

FELL: kurz, fein, anliegend, ohne Unterwolle; gelb, schwarz, blau, gestromt und gefleckt.

GRÖSSE: Schulterhöhe 72 bis 85 cm.

GEWICHT: 60 bis 85 kg.

GUT GEEIGNET FÜR: Menschen mit viel Platz, einem großen Auto und den nötigen Kenntnissen zur fachgerechten Aufzucht.

ANFÄLLIGKEITEN: Herzkrankheiten, Ellenbogen- und Hüftgelenkdysplasie, Magendrehung, Knochenkrebs, Bindehautentzündung.

DEUTSCHER BOXER

Der Boxer stammt ursprünglich aus Bayern; um 1850 wurde er in München aus verschiedenen Hunden wie Bullenbeißer und Englischer Bulldogge gezüchtet – vor allem, um gestelltes Wild festzuhalten oder Großvieh auf Schlachthöfen in Schach zu halten. Vieles davon ist ihm geblieben:

Boxer sind sehr kräftig, wachsam und lassen sich gut ausbilden. Daher zählen sie auch zu den anerkannten Diensthunderassen. Können sie sich draußen austoben, sind sie drinnen angenehm ruhig. Fremden gegenüber verhalten sie sich misstrauisch, bellen auch mal drohend und laut, sind aber nie hinterlistig.

TYP: Vorwiegend Sport- und Begleithund, sonst Schutz- und Gebrauchshund.

FELL: pflegeleicht, kurz und anliegend; hellgelb bis dunkelhirschrot oder gestromt mit schwarzer Maske, weiße Abzeichen sind willkommen.

GRÖSSE: Schulterhöhe 53 bis 63 cm.

GEWICHT: 24 bis 32 kg.

GUT GEEIGNET FÜR: sportliche, selbstbewusste Menschen, gern mit Familienanschluss.

ANFÄLLIGKEITEN: Hüftgelenkdysplasie, Herz- und Tumorerkrankungen und eine krankhafte Veränderung der Wirbelsäule.

DEUTSCHER SCHÄFERHUND

Die Rasse entstand Ende des 19. Jahrhunderts vor allem aus mittel- und süddeutschen Schafhütehunden. Der Deutsche Schäfer wurde bis vor Kurzem allein aus der kurzhaarigen Variante gezüchtet. Von Beginn an stand dabei das Ziel als Diensthund für Polizei und Militär im Zentrum der Zuchtauswahl.

TYP: Begleit-, Wach-, Schutz-, Dienst- und Hütehund.

FELL: dicht, kurz, stockhaarig oder lang; schwarz (einfarbig oder mit rotbraunen, braunen, gelben bis hellgrauen Abzeichen), grau, beige-grau mit dunklerer Wolkung.

GRÖSSE: Schulterhöhe 55 bis 65 cm.

GEWICHT: 22 bis 40 kg.

GUT GEEIGNET FÜR: erfahrene Hundehalter, die Lust auf Hundesport haben; denn die Tiere sind täglich auf körperliche und geistige Beschäftigung angewiesen.

ANFÄLLIGKEITEN: Hüftgelenkdysplasie, Fehlbildungen des Innenohrs, Hornhautentzündungen und Probleme der Nervenwurzeln am Ende des Rückenmarks.

DOBERMANN

In den 1870er Jahren paarte der Züchter Friedrich Louis Dobermann aus der thüringischen Stadt Apolda besonders scharfe Hunde und zog so wachsame Hof- und Haushunde heran – in dieser Rasse vereinen sich unter anderem ein Vorläufer des Rottweilers und des Pinschers.

TYP: Wach- und Schutzhund.

FELL: kurz, hart und dicht, ohne Unterwolle; schwarz und dunkelbraun mit lohfarbenen Abzeichen.

GRÖSSE: Schulterhöhe 63 bis 72 cm.

GEWICHT: 32 bis 45 kg.

GUT GEEIGNET FÜR: selbstbewusste, ausgeglichene, ruhige Menschen mit Hundeerfahrung und der Fähigkeit zur klaren, dominanten Führung.

ANFÄLLIGKEITEN: Erbkrankheiten, die das Innenohr und den Gleichgewichtssinn betreffen, Herzmuskelerkrankungen, seltener Dancing Dobermann Disease (muskuläre Veränderungen und zunehmende Schwäche in der Hinterhand); Prädisposition für Schädigungen des Rückenmarks im Bereich der Halswirbelsäule.

HOVAWART

Sein Name bedeutet „Hofwächter". Ein Züchter verpaarte ab 1922 wolfsstämmige Hofhunde aus dem Schwarzwald und dem Harz mit Leonberger, Neufundländer, Kuvasz und dem Deutschen Schäferhund. Heraus kam ein Typ, der nicht durch sein auffälliges Äußeres besticht, sondern vor allem durch seinen starken Charakter: Klug und selbstbestimmt, kann der Hovawart gegenüber seinem Besitzer sehr loyal sein, ihn beschützen – aber mit seinem starken Willen auch manchmal dessen Konsequenz auf die Probe stellen. In der heutigen Züchtung wird aber eher auf Gesundheit und Verträglichkeit Wert gelegt als auf den Drang zur Verteidigung.

TYP: Gebrauchs- und Familienhund.

FELL: weich, gewellt, lang, mit wenig Unterwolle; Schwarzmarken, blond und schwarz. Blond nur schwer von Retrievern zu unterscheiden.

GRÖSSE: Schulterhöhe 58 bis 70 cm.

GEWICHT: ca. 25 bis 40 kg.

GUT GEEIGNET FÜR: Individualisten mit Hundeerfahrung, die konsequent und geduldig sind und dem Hund Bewegung sowie geistige Beschäftigung bieten können.

ANFÄLLIGKEITEN: in seltenen Fällen Hüftgelenkdysplasie.

KUVASZ

Hirtenhunde mit weißer Farbe gibt es in ganz Europa – von Spanien bis Russland –, und sie alle haben eine lange Geschichte. Den Kuvasz kannte man bereits im 15. Jahrhundert, sein Name kommt aus dem Türkischen und bedeutet so viel wie „Beschützer". Ob bei der Herde oder auf dem Hof: Der Hund war es von jeher gewohnt, seine Entscheidungen selbst zu treffen und alles zu verteidigen, was ihm unterstellt ist. Diese Eigenständigkeit bestimmt noch heute seinen Charakter. Daher kommen mit ihm nur durchsetzungsstarke Menschen zurecht.

TYP: Herdenschutzhund.

FELL: gewellt bis lockig; weiß bis elfenbeinfarben.

GRÖSSE: Schulterhöhe 66 bis 75 cm.

GEWICHT: 30 bis 52 kg.

GUT GEEIGNET FÜR: Menschen, die ein großes Grundstück zum Bewachen sowie genügend Fachwissen und Durchsetzungskraft haben, einen solchen Hund zu führen.

ANFÄLLIGKEITEN: Bis auf die bei großen Rassen häufig auftretenden Gelenkprobleme ist der Kuvasz ein recht robuster Hund.

LEONBERGER

Die Rasse wurde erstmals 1846 von einem Leonberger Stadtrat gezüchtet – als löwenartiger Repräsentationshund, den viele Persönlichkeiten, Politiker, Adelige und Künstler liebten.

Wie alle großen und schweren Hunde wird er nicht sehr alt. Sein Gemüt ist freundlich, ruhig, duldsam. Der Leonberger ist folglich leicht zu handhaben – er ist weder scheu noch aggressiv und eignet sich daher gut als Familienhund. Schon aufgrund seiner Größe ist er jedoch nicht geeignet für die Stadt, eher für ein großes Haus mit Garten. Ähnlich wie sein Verwandter, der Neufundländer, schwimmt er gern und sollte auch die Möglichkeit dazu bekommen.

TYP: Hof- und Begleithund.

FELL: Mittelweich bis derb, lang mit dichter Unterwolle.

GRÖSSE: Schulterhöhe 65 bis 80 cm.

GEWICHT: 45 bis 70 kg.

GUT GEEIGNET FÜR: Anfänger und Familien mit genügend Platz.

ANFÄLLIGKEITEN: Hüftgelenkdysplasie.

NEUFUNDLÄNDER

In seinem Ursprungsland, der Insel Neufundland vor der Nordostküste Kanadas, war dieser Hund ein ausgesprochenes Gebrauchstier. Er half beim Anlanden der Netze, zog in stürmischer See Boote ans Ufer und schleppte als Schlittenhund Baumstämme. Auch heute wird die Rasse wieder vermehrt für die Wasserarbeit herangezogen, vor allem als Wasserrettungshund. Der Neufundländer ist ein ausgeglichener, verlässlicher, unkomplizierter und kinderlieber Begleiter, der allerdings einige Anforderungen an die Lebenssitutation stellt: So sollte es für ihn die Möglichkeit geben, regelmäßig zu schwimmen.

TYP: Gesellschafts- und Begleithund.

FELL: langes Haar mit dichter Unterwolle, das regelmäßig gebürstet werden muss, um nicht zu verfilzen; schwarz, braun und weiß-schwarz.

GRÖSSE: Schulterhöhe 66 bis 71 cm.

GEWICHT: 54 bis 68 kg.

GUT GEEIGNET FÜR: Menschen mit viel Platz und einem großen Herzen für bärenstarke Hunde.

ANFÄLLIGKEITEN: Hüftgelenkdysplasie, Venenkrankheiten und Augenprobleme, auch eine vererbbare Nierenerkrankung kann vorkommen; aufgrund ihres Körperbaus und des dicken Fells mögen diese Hunde keine Hitze.

RHODESIAN RIDGEBACK

Die Urahnen dieser Rasse stammen von Hunden aus der südafrikanischen Kap-Kolonie ab, die sich mit den domestizierten Hottentotten-Hunden vermischten. Die hatten damals schon den charakteristischen Rückenkamm, für den der Ridgeback heute bekannt ist. Der Rassestandard wurde 1924 offiziell anerkannt. Es sind sensible Hunde, die bei der Erziehung viel Aufmerksamkeit und Geduld bedürfen, doch dann zu erhabenen Begleitern werden, ohne Scheu und Aggression.

TYP: Jagdhund, Wachhund, Begleithund.

FELL: kurz, dicht, glatt, ohne Unterwolle; weizengelb und alle Rottöne.

GRÖSSE: Schulterhöhe 61 bis 69 cm.

GEWICHT: 29 bis 37 kg.

GUT GEEIGNET FÜR: Menschen, die den Hund wohlwollend und gelassen führen können. Wer sich bereits im Alltag überfordert fühlt, sollte von dieser Rasse besser Abstand nehmen. Das gilt auch für ausgesprochen harmoniebedürftige Menschen, die leiden, wenn ihr Hund nicht jeden mag.

ANFÄLLIGKEITEN: Hauteinstülpungen im Bereich des Rückens; betroffene Welpen müssen operiert werden.

RIESENSCHNAUZER

Vorläufer des heutigen Schnauzers waren rau- bis zottelhaarige Bauernhunde in Oberbayern. Sie wurden als Begleiter von Fuhrwerken und später als Polizeihunde eingesetzt. Der originale Rassestandard stammt von 1923. Riesenschnauzer sind temperamentvoll, draufgängerisch, ausdauernd, außerdem so schlau, dass jede Inkonsequenz ihnen rasch auffällt. Deshalb ist ihre Erziehung nicht einfach. Nach einer sorgfältigen Ausbildung sind sie aber sehr treue und umgängliche Begleiter. Sorgfältig sozialisiert, kommen sie oft als Schutz-, Fährten- oder Rettungshund zum Einsatz.

TYP: Gebrauchs-, Sport- und Familienhund.

FELL: harsches Rauhaar, das mindestens dreimal im Jahr fachmännisch getrimmt werden muss; der üppige Bart sollte nach dem Fressen stets gereinigt und gekämmt werden, damit er nicht verfilzt; Farbe: Schwarz, Pfeffer und Salz.

GRÖSSE: Schulterhöhe 60 bis 70 cm.

GEWICHT: 30 bis 50 kg.

GUT GEEIGNET FÜR: Menschen mit Zeit und Lust an sportlicher Betätigung.

ANFÄLLIGKEITEN: erkrankt oft an Tumoren; darüber hinaus werden überdurchschnittlich viele Riesenschnauzer-Hündinnen nach einer Kastration inkontinent, ein solcher Eingriff sollte daher gut überlegt sein.

ROTTWEILER

Der Rottweiler ist nah verwandt mit den Molossern, einer weit verbreiteten Hunderasse des Altertums. Molosser zogen mit den römischen Legionen über die Alpen, beschützten die Menschen und trieben das Vieh. So gelangten sie bis ins schwäbische Rottweil, wo sie mit einheimischen Hunden gekreuzt wurden.

TYP: Begleit-, Dienst- und Sporthund.

FELL: derbes, kurzes, gut anliegendes Stockhaar mit Unterwolle; schwarz mit scharf abgegrenzten rotbraunen Abzeichen über den Augen sowie an Backen, Fang, Brust und Läufen.

GRÖSSE: Schulterhöhe 56 bis 68 cm.

GEWICHT: 40 bis mehr als 60 kg.

GUT GEEIGNET FÜR: erfahrene Hundehalter; insbesondere die Rüden neigen zu Dominanzstreben und können eine unbändige Kraft entwickeln. In einigen Bundesländern, beispielsweise in Bayern, ist das Halten von Rottweilern nur nach bestandenem Wesenstest erlaubt.

ANFÄLLIGKEITEN: Hüftgelenk- und Ellenbogendysplasie.